(Par le marquis de La Gervaisais.)

(Par le marquis de La Gervaisais.)

LA CAUSE HUMAINE.

MAINTIEN DE L'ÊTRE.

PROGRÈS DU BIEN-ÊTRE.

Avant tout, l'homme est animal, et l'animal est organique.

Pour l'homme à ce titre, il n'y a de vrai que l'être, de réel que la vie.

(*La loi du Besoin.*)

PARIS,

A. PIHAN DELAFOREST,

IMPRIMEUR DE LA COUR DE CASSATION,

Rue des Noyers, n° 37.

1832.

Nous avons toujours soutenu que c'était la détresse du pays qui soufflait le cri général de réforme; nous avons dit que si la cause de cette détresse ne pouvait être guérie, ce cri s'élèverait encore et encore (*again and again*), pour quelque autre altération, jusqu'à ce que la réalité à la place de l'ombre, soit obtenue.

S'il n'y a point de pétitions maintenant, c'est que les pétitions demandant des secours, ont été devancées par des pétitions réclamant la réforme. La détresse si profonde, si générale n'en existe pas moins. Elle se taît pour le moment : affreuse comme elle est, elle continuera à se taire, dans l'espoir que la réforme doit apporter un prompt remède. Ils crient après la réforme, dit un certain pamphlet, parce qu'ils attribuent leurs souffrances, à la représentation imparfaite de la chambre des communes..................................

C'est avec la détresse du pays que nous avons à combattre. Réforme, tarif du blé, vote secret, incendies et émeutes, ne sont que les cris qui sortent des bouches de l'hydre à mille têtes de la détresse (*Courrier anglais*, 6 juin 1832).

....

Cette dureté de cœur des riches, ce mépris de la pauvreté, ces reproches sardoniques de liarder, navrent les ames généreuses et les remplissent à la fois de colère et de douleur..................................

Non, ces volcans insurrectionnels qui secouent dans leurs fondemens, les rois et les nations de la vieille Europe, ces rapides et vagues émotions qui se font sentir de peuple à peuple et d'homme à homme, ces liens de sympathie qui sont prêts à les enchaîner, tout annonce qu'il y a dans notre organisation sociale, dans nos lois, dans nos mœurs, un mal secret qui nous ronge, qui nous mine, une refonte à opérer, un bien inconnu mais universel à découvrir (*Courrier français*, 20 mars 1832).

Est-ce donc que Montesquieu et Necker, Mallet et Beaumont, Smith et Sismondi, Lansdown et Levis, Lafitte et Humann, ne se font pas entendre? (Voir *La loi du besoin*).

Est-ce donc que le siècle de liberté et d'égalité, de libéralité et de moralité, d'humanité et d'équité, dit-on, est inepte à saisir la leçon, à suivre l'exemple du siècle de tyrannie, de barbarie.

Est-ce donc que le travail laborieux des crises révolutionnaires, ne doit déposer pour résidu final, pour *caput mortuum*, que des crimes, des larmes, des ruines?

Est-ce donc que le genre humain se voit condamné à tourner et retourner incessamment dans un cercle vicieux, s'épuisant en vain, espérant à tort, n'avançant jamais?

On le croirait au morne silence des journaux.

A tout propos, outre mesure, sans relâche, vilipendant les personnes, déblatérant contre les actes, ils se donnent tort et donnent raison.

Même ils lassent et fatiguent; ils ennuient et blasent: ils morfondent et glacent.

Ils le sentent, ils s'en plaignent. Et ils ne cessent, ne changent.

La boutique est fournie en phrases, et les débite à tout venant, les laisse à bas prix, les jette à la tête.

C'est plus commode que de se mettre à œuvre nouvelle, que de se livrer à tout autre travail.

Vienne quiconque, parler honneur et devoir, parler même intérêt, et rappeler promesses, présager risques. Nul n'entend, ne répond.

Et la cause humaine, la cause unique à bien dire, manquant d'organes pour la faire valoir, passe au rebut, se perd sans retour.

Pourtant, et à part de sa valeur propre, là s'offrait le champ, delà sortaient les armes, qui apportaient la plus belle chance aux feuilles de l'une et l'autre opposition.

Laissons de côté les vieux us, les vains sons.

Le mot d'intérêts nationaux, compris dans le sens abstrait, est à échanger contre le mot d'intérêts populaires, entendu dans le sens réel.

Le mot d'intérêt général, jetant une entente équivoque, est à traduire par le mot du besoin commun, portant une acception précise, évidente.

Voyez les partis, se ranger sous l'étendard des intérêts populaires, et combattre pour le triomphe du besoin commun.

Qu'en advient-il?

Ou que le pouvoir fait résistance, alors perdant pour lui et donnant à eux, non-seulement l'appui de tous les bras doués de la force; mais encore le concours de tous les cœurs voués à la justice :

Ou, pour pis aller, dont il n'y aurait pas à se trop affliger, que le pouvoir cédant bon gré malgré, entre enfin dans les voies de la vraie civilisation, accomplit à la fois, les devoirs de la morale, les conseils de la politique.

Et alors, après, qu'importe à quel titre, par quel mode, sous quelle forme, serait constitué le gouvernement, en se servant de cette vulgaire et banale expression?

Le gouvernement est l'outil; la société est l'œuvre. L'œuvre étant achevée, l'outil devient indifférent.

L'homme est tout. Quand tout se fait pour l'homme, rien ne reste à faire.

Jusqu'ici, entre les deux partis la besogne est commune; la tâche se fait en accord, à l'envi.

Plus loin, les voies s'écartent et divergent, non cependant sans espoir de se rencontrer tôt ou tard en un certain point.

Car enfin, du bord se disant libéral, il sera appris par l'expérience que l'égalité préconisée, n'existe que pour la forme et point au fonds.

Il sera appris que la liberté réputée telle, d'autant

qu'elle va s'exalter, s'exagérer en point de droit, d'autant vient à faiblir, à faillir en point de fait.

Ces images fantastiques s'étant une fois évanouies, laisseront la pensée calme et saine, revenir aux notions substantielles de l'ordre et de l'autorité, des mœurs et des liens sociaux.

Or, qu'apparaîtra-t-il aux regards étonnés, épouvantés?

Un pays! non. Un État! non. Un peuple! non. Une nation! non. Une société! non.

Rien en France que chaos.

Rien qu'une frêle poussière d'existences, que le vent emporte en un tourbillon impétueux, que le calme laisse retomber en une morne masse.

Rien qu'une nuée d'atômes, entr'eux isolés par la force répulsive, et tous entraînés par la force centrifuge.

Comment cela deviendra-t-il un être? comment cela obtiendra-t-il la vie?

Au moyen de l'aggrégation, à l'aide de l'association. Ainsi, ce semble, que fût organisé cet autre chaos à l'origine des choses.

Soudain, entre les molécules éparpillées, dispersées, apparaissent des points, des centres, vers lesquels les attire la gravitation, autour desquels les attache la cohésion.

Il ne manque que le mouvement. Et le système solaire ou plutôt céleste, existe, marche, dure, dans l'harmonie la plus parfaite.

Encore, s'il vous le faut, ôtez le soleil : mais laissez, ou plutôt formez les astres d'ordre inférieur (Voir *les écrits sur la Pairie*).

Ayez des provinces.

Et les révolutions à la minute ne s'opèreront plus : les formes politiques importeront à peine.

Ayez des provinces.

Pour les légitimistes, c'est un pas fait en avant ; au lieu qu'il ne s'en est fait encore qu'en arrière.

Pour les républicains, c'est une base posée ou jetée ; car

à parler de la république une et indivisible, ce n'est dire qu'anarchie et ruine et terreur, que carnage au dedans, au dehors.

Le PEUPLE, le PAYS : l'un à qui laisser la vie, l'autre à qui donner l'être :

Telles sont les causes obligées en droit, obligées par le fait, qu'on est tenu à défendre : comme aussi ce sont les seules qu'on manque à soutenir.

C'est que de tous les bords, à l'ordre de l'imagination ardente, et sans recours à l'intelligence débile, on s'abandonne, on s'adonne au culte exclusif de l'idée : idole suprême de ceux qui sont privés des sens pour observer, et du sens pour réfléchir.

La mémoire reste en oubli ; les organes ne font plus de rapport ; le jugement n'a point d'exercice.

Au présent, dans l'avenir, toute croyance est acquise, toute espérance est prise, en ce qui plaît et duit.

D'où, l'on veut autrement qu'il ne peut être ; on agit autrement qu'il ne doit se faire.

D'où encore, tout parti, tout pouvoir se nuit à lui-même, se perd par lui-même ; sans que l'ennemi y connive, et parfois malgré que l'ennemi s'y oppose.

Il se passe une lutte occulte, intestine, entre le faux qui est dans les têtes, et le vrai qui est dans les choses.

Et les têtes s'agitent au vague des idéalités ; pendant que les choses se développent sur le terrain des réalités.

Et là, le travail vif et vain épuise les forces, laisse sans défense ; alors qu'ici, le travail lent et sûr s'avance pas à pas, marche au triomphe.

Si bien que désormais, rien ne tiendra, ne durera ; toujours de moins en moins.

Pour Dieu, régnez, dominez, gouvernez : nul ne l'envie. Et décorez-vous, enrichissez-vous, ennoblissez-vous : nul ne s'y oppose.

Même, où il est encore du sens, de l'ame, les vœux vous appuient, les espoirs vous devancent.

Par vous, est survenue la crise politique : après vous, surviendrait la crise sociale.

La tardive expiation que vous auriez à subir, serait trop chèrement achetée aux dépens de l'innocence.

Voilà le vrai de la pensée.

Hors de-là, le sentiment tombe dans le faux; non en point du juste ; mais en point du possible.

Le sentiment qui s'honore en sacrifiant la personne seule, se trompe et s'égare en compromettant la société.

Régnez-donc ; dominez-donc. Et faites-vous puissans, faites-vous maîtres.

Hélas ! c'est la honteuse, la fatale condition de l'espèce humaine, qu'il lui faille être gouvernée.

Et pour gouverner, une classe étant hors de cause, une autre n'étant pas de portée, il ne reste que la vôtre.

Mais défiez-vous de vous-même : dépouillez-vous du vieil homme, de l'homme crasse d'ignorance, sale d'égoïsme (1).

Rappelez-vous seulement.

Jadis inférieurs, le deni de justice, le mépris de l'infortune, le rejet du mérite, vous choquaient, vous révoltaient.

Maintenant supérieurs, ne donnez pas lieu aux mêmes blâmes, aux mêmes haines.

Le tort, le péril seraient plus grands encore.

Parvenus au pouvoir, le respect ne vous couvre pas; et l'envie veille, guette.

Portés sur le pavois de l'égalité, en le brisant vous tombez à plat, vous êtes foulés aux pieds.

Des titres aussi équivoques, des titres éphémères encore, requierrent d'être validés, consolidés par les actes.

Il y a eu une révolution; illégalement accomplie, on ne le nia jamais; déloyalement ourdie, on l'avoue enfin.

Le refus de concours, le refus du budget passés en force de droit, ne gardaient intactes que la forme du trône, que la formule de monarchie.

---

(1) C'est une erreur de croire que l'intérêt de la classe intermédiaire tienne de l'intérêt des deux autres classes. Cet intérêt est entre deux, sans être ni l'un ni l'autre. Par l'irrésistible loi des tendances naturelles, la classe moyenne se porte avec force à devenir la classe haute, comme la classe inférieure tend à devenir la classe moyenne. (M. Flaugergues : *De la Représentation nationale:* 1820.)

Maîtresse des fonds, maîtresse des conseils, autant valait que la chambre s'érigeât en convention au petit pied.

Le roi devait-il se laisser dégrader d'abord, puis mépriser, enfin renverser?

Le roi s'est mis en révolte, comme disent *les Débats*; en révolte, au même titre que les Grecs, les Belges, les Polonais outragés, opprimés,

Dans la cause, le roi était défendeur pur et simple. En point de droit, il la gagnait; le vice des moyens l'a perdue.

C'est la partie adverse qui s'est chargée de le démontrer (1).

---

(1) S'il y a eu une conspiration contre le trône, nous ne craignons pas de le dire, le gouvernement de Charles X se fût trouvé dans le cas de légitime défense. (*Débats*, 28 octobre 1830.)

C'est la presse qui a sourdement miné le gouvernement contre-révolutionnaire, et qui l'a poussé à la nécessité de violer les lois pour se défendre contre elle. (*National*, 10 septembre 1830.)

Tous ces Gracques d'il y a environ dix-huit mois vous répondent : Ah! c'était bien différent alors ; nous avions une royauté qui ne voulait pas franchement les institutions. Cette dynastie était incorrigible ; il a fallu la renverser. (*National*, 23 juillet 1831.)

La restauration était fondée sur la force. Il fallait qu'elle conservât cet appui : si elle cédait, si elle perdait le prestige de la force, elle devait craindre d'être ébranlée. (*Courrier*, 17 février 1831.)

Au moment des élections, il s'agissait de placer Charles X

La révolution fut illégale, fut déloyale : mais elle est.

---

entre une capitulation humiliante et l'expédient des coups d'État................Le principe des 221 était admirable, comme machine de guerre contre un insolent absolutisme. (*Journal du Commerce*, 2 juin 1831.)

Les membres de la défection contribuèrent à la fameuse adresse des 221 qui tuait la royauté de 1814. Vainement le pouvoir leur disait : Mais ne voyez-vous pas que c'est à une révolution que vous tendez ? Ils firent semblant de ne pas l'entendre. (*National :* extrait de la *Gazette*.)

En juillet, on renversait une dynastie, que les défiances du pays avaient mise dans l'impossibilité de gouverner, et dans la nécessité de violer la constitution...... Beaucoup de gens n'appréciant pas cette position, ne voyaient que son parjure, et disaient bonnement de Charles X : *S'il eût voulu observer la charte.* (*National*, 30 avril 1832.)

Si le peuple de juillet ne combattait que pour la conservation de la charte, il fallait mettre en jugement le ministère et rappeler Charles X aux Tuileries. (*Courrier*, 9 mars 1832.)

La révolution de juillet ne fut pas tant dans la résistance au coup d'État, que dans l'adresse des 221, qui avait acculé l'*immuable volonté* de Charles X, dans la nécessité de ce coup d'État. (*National*, 22 mai 1832.)

Voilà cette chambre qui a renversé la branche aînée avec une adresse, avec une seule phrase : *Le concours n'existe plus entre les pouvoirs.* Simple menace qui l'a forcé à se précipiter dans l'abîme. (*M. Thiers*, 13 octobre 1831.)

Ce n'est pas la royauté qui gêne les majorités : c'est le ministère qu'elles convoitent. Et les 221 qui ont poussé les

Elle est, parce que la puissance du fait a supplanté la force du droit.

Elle sera, seulement jusqu'à l'occurrence du fait le premier venu.

Ainsi que hier, le droit lui manquait ; aussi demain, le fait lui manquera.

Veut-elle se renforcer contre l'attaque du fait ; veut-elle se retrancher derrière les remparts du droit ? les actes ont à suppléer aux titres.

Elle a à se faire loyale, libérale : c'est tout.

La légitimité de transmission peut se perdre par le mépris de ces devoirs ; et leur observance est apte à fonder la légitimité d'acquisition.

Or, le mot de loyauté n'a qu'un sens ; le mot de libéralité est à double sens.

Voyez comment il est entendu depuis quarante ans, et appliqué de révolution en révolution.

On se dit libéral : et on n'agit qu'au profit de soi-même, qu'au détriment d'autrui.

On se dit libéral : et on s'élève au-dessus de ceux-là ; on abaisse ceux-ci au-dessous de soi.

Au lieu que d'être libéral, suivant le dictionnaire au moins, n'est autre chose que de céder, de donner du sien.

Ici, se place une vérité échappée au *Globe*.

« Au fait, dans le sens politique, il ne paraît

Bourbons vers l'abîme, ne voulaient que déplacer des portefeuilles, lorsqu'ils ont brisé des couronnes. (*M. Pagès*, 18 octobre 1831.)

« point exister un peuple en Portugal ; ou en « d'autres paroles, une portion prédominante de « la société qui s'intéresse au choix du gouverne- « ment, qui, excepté quant aux conséquences « immédiates, s'inquiète quel prince prévaudra. » (25 août 1832).

Or cela se voit partout.

Si bien que vos révolutions opérées à grands frais et de sang et d'or ; malheureuses, ne laissent pas de regret ; heureuses, ne rencontrent que le dégoût.

Mais que celle-ci soit donc toute autre, surtout soit la dernière.

A cette fin, d'abord qu'on ne parle plus jamais d'opinion publique : mot ronflant dont les deux termes sont creux.

Il n'y a point d'opinion à vrai dire ; là, où sauf les plus rares exceptions, nul ne sait ni ne voit, n'observe ni n'analyse, ne pèse ni ne balance, ne compare ni ne médite, ne se résume ni ne se résout.

Il y a des volontés tout au plus ; des velléités d'emprunt ou de hasard, qui brillent comme l'éclair, brûlent comme la foudre, et de même s'éteignent.

Il n'y a point d'opinion publique, là, où on ne s'assemble pas, où on ne discute pas, où on ne délibère pas !

Là encore, où la presse périodique est seule en lecture ; et accaparée, monopolisée, ne fait valoir que des thèses abstraites, que des causes égoïstes.

Ce qu'il y a, c'est l'intérêt total, le besoin commun; c'est le voeu public, mais tacite, occulte.

Le vœu public a vie, et n'a pas voix.

La soi-disante opinion publique, loin de s'en rendre l'organe, s'exprime à son encontre.

Le vœu actif, positif, définitif, naît de l'intérêt, du besoin.

Et l'intérêt, le besoin est palpable, manifeste : chacun veut vivre, veut jouir.

Qu'on laisse donc vivre : et qu'on fasse vivre, même jouir autant qu'il se peut.

Ainsi seulement, votre révolution peut acquérir le droit, garantir le fait.

Il n'y a que l'homme : l'homme est tout.

L'homme est de valeur égale.

Les hommes font la valeur totale.

Les hommes se comptent et ne se pèsent pas.

Le nombre donne justice, ainsi que force.

Ce qui nuit au nombre est odieux : ce qui ne lui sert pas, est oiseux.

Et la souveraineté n'étant point attribuée au nombre, est une chimère.

Et la liberté, l'égalité, n'étant guères appropriées au nombre, sont des rêveries :

Sauf toutefois que ravies par ceux-ci, exploitées contre ceux-la, la chimère se change en crime et les rêveries tournent en désastres.

« Souveraineté, égalité, liberté, doivent émaner de la loi essentielle, doivent aboutir à la fin capitale.

« Et cette loi, cette fin, sont rendues en ce seul mot : l'*humanité*.

« Loi naturelle, fin sociale! que les lâches cœurs, que les esprits débiles méconnaissent ou méprisent.

« Aussi les révolutions se succèdent soudainement, incessamment.

« Aucune n'est durable, parce qu'aucune n'est légitime (*la Loi des circonstances*, 1830). »

Ainsi va le monde de tout temps. Ainsi s'en va le monde de nos temps.

Ce qui eut lieu, n'aurait plus lieu : une phase différente amène un nouveau dénouement.

« Liberté, égalité, ne sont que vaines paroles : et pour ceux qui tiennent, et pour ceux qui suivent le drapeau insurgé.

« Là le pouvoir, ici le besoin : tels sont les vrais mobiles.

« Et l'instinct du besoin s'est dilaté au souffle de la liberté, est devenu impérieux, indomptable:

« Et les lumières montrent la cause du mal; et la loi déclare les titres; le fait proclame les forces.

« Jamais l'oppression matérielle n'a subsisté, qu'au moyen de la compression morale (*les Nécessités de l'époque*, 1830). »

Compatir ou périr : voilà la loi.

La renier, c'est commettre un blasphême; la violer, c'est se rendre anathême.

Jadis, il n'y avait ni crime, ni peine.

Ici, on manquait à la connaître : et là, à se connaître soi-même.

L'ignorance ne songeait pas : l'innocence ne se vengeait pas.

Ces temps, et plus heureux et moins honteux, se sont évanouis.

Il apparaît un siècle premier du nom, certes sans prédécesseur, peut-être sans successeur.

Et ce siècle n'est pas endurant, ni pour le mal, ni même pour le bien.

N'importe le mérite ou le démérite ! ce qui dure le lasse, ce qui change le flatte.

Chances des plus fatales : car il n'y a moyen de l'amadouer, qu'autant que le bien ne fasse point de pause, et marche au plus vite, de plus en plus vite.

C'est à trembler devant un tel siècle : c'est à se faire juste, de force, de nécessité.

Mais qui donc a besoin de la leçon ? qui donc n'évite le crime, qu'à l'aspect de la peine.

N'est-ce pas déjà trop, que d'avoir livré aux douleurs, aux malheurs de la révolution, un peuple encore paisible, au moins prospère ?

Y aurait-il de plus, après s'être fait servir par ses bras, s'être fait élever sur ses épaules, à repousser ce peuple, à l'outrager, à l'écraser ?

Alors plus d'expressions sortables, plus d'expiations valables.

Horreur, opprobre, ignominie, disent trop peu. Bannissement, dégradation, ne font pas assez.

Tout dans la vue de l'homme : rien par la voie de l'homme.

Car l'action de l'homme est emportée, déréglée; opérant d'abord le mal au lieu du bien; bientôt s'épuisant et se lassant au mal; enfin s'arrêtant et se refusant au bien.

Au lieu que l'action des choses est modérée, mesurée ; n'avançant en rien le mal, et amenant le bien peu à peu, de plus en plus.

La première vérité commence à se faire jour : même le dégoût vient à poindre ; l'anathême menace de confondre la renovation avec la révolution.

Ce serait heureux s'il y avait à éviter quelque crise future ; c'est fâcheux, quand il ne reste qu'à diriger la crise présente.

Le mal est achevé; peut-être y a-t-il du bien à advenir.

Le mal est d'avoir agi par l'homme : le bien serait d'agir pour l'homme.

Disons-le.

A certains égards, c'est tout à fait fini; sous quelques points de vue, cela commence à peine.

Désormais, plus de loyauté, de moralité; rien que tricherie, que perfidie.

Ici et là, la fin exaltée, obstinée, a commandé tous moyens tels quels.

Et le mouvement accéléré, exagéré, a tranché les liens, a troublé les rapports.

« A travers les crises sociales, la lie monte d'abord, encroute la surface; et la masse entière se corrompt, se putréfie.

« Qu'on ne bouge pas l'homme: sa vertu, sa raison sont de routine : le mouvement, le frottement en ont la fin (*la Loi des circonstances*). »

Désormais point d'autorité fixe et stable : rien que rebellion, que subversion.

« Tel est le Français. L'amour de la liberté ne lui parle pas ; il ne répond qu'à la haine de l'autorité. On ne l'entraîne à la liberté, qu'en l'excitant contre l'autorité.

« Or, si l'autorité, être abstrait, est tuée en une personne quelconque, elle ne ressuscite en nulle autre (*du Refus des subsides*, 1829). »

Même la réaction, la restauration, n'y remédie pas, ne se préserve pas.

« Le changement est opéré, est passé en fait, et de là en droit.

« Les conséquences, les suites ne dépendent plus que du sort.

« La machine a été mise en branle; le plus faible bras suffisait à l'effort. Quelle main puissante viendra la rendre au repos ?

« Rien ne tient, rien ne tiendra : l'un suit l'autre (*de la Septenalité*, 1824). »

Hélas! l'innocente France est vouée à subir l'expiation de tant de torts, de délits.

La loyauté, la stabilité s'étant retirées d'elle, il lui faut se défendre sans armes, se soumettre aux coups.

En son sein, l'ulcère de corruption ronge et mine : sur sa tête, la foudre des révolutions éclate à l'improviste.

L'arrêt dit que la cause politique n'a plus à être suivie, relevant seulement et du sort et du temps.

A son égard, ni l'art ne vaut, ni l'effort ne sert. Et plutôt l'acte de l'homme risque de troubler le travail des choses.

La cause sociale reste seule en débat; non qu'il y ait à la gagner pleinement; mais plutôt à ne pas la perdre finalement.

Tel règne; tel autre va régner : quelques-uns sont au faîte, vont être dans la boue.

Les titres, les formes courent la bague.

Qu'importe cela? rien n'importe; sinon que la société ne tombe pas en dissolution;

Et que les hommes ne se fassent pas tigres; et que la faim ne dévore pas, que la force n'assomme pas.

Gens maudits du ciel, de la terre, des enfers peut-être, qu'avez-vous fait? que faites-vous?

Ce n'est pas tout, qu'en voulant impudemment enlever des portefeuilles, vous ayez imbécillement brisé des couronnes (*M. Pagès*).

Des couronnes! passe encore, en des temps où elles sont si mal soudées.

Mais le pur sang de l'humanité! ne l'avez-vous pas exposé à être répandu à flots?

Mais le dernier lien de la société! n'avez-vous pas risqué de le trancher net?

Et ni l'intelligence n'arrive, ni la conscience ne survient.

Les maudits se tiennent pour seigneurs et maîtres, par la grâce de Dieu; et accaparent le pouvoir, monopolisent le droit, comme biens propres à eux seuls.

Ils ne concèdent rien, ne compatissent en rien :

Ce semble, ayant charge expresse de couronner l'œuvre ébauchée, de violenter les destins encore douteux, de rejeter la société partie de l'état sauvage, dans l'état de barbarie.

Tel est l'arrêt des deux révolutions.

Quant à celle de 1789, il faut distinguer entre l'insurrection intellectuelle et matérielle.

La première, qui date de 1787, et même de 1774, qui rallia d'abord et le clergé et la noblesse, à la masse nationale; qui n'aspirait qu'à réparer le mal, à préparer le bien; qui se refusait à précipiter le bien, au risque d'occasioner le mal (1).

---

(1) « Je ne vis pas sans plaisir cette insurrection du peuple qui rappelle à la puissance qu'il est de nature humaine, et qu'il est puissant aussi. Je résistai aux premiers désordres : ils étaient inévitables. Le sang coula!..... Je me prosterne devant les ames à la fois sensibles et justes : je ne fis que gémir, et je ne cédai pas. Il y avait tant de sang à crier vengeance!

....

« Peuple français! tu avais souffert et longuement, et étrangement sans doute.

« Lorsqu'une seule pensée me rendait l'image de tes immenses douleurs, je tremblais que ta lente vengeance ne s'assouvît dans l'espace d'un jour. Et quel sang eût suffi!..... Vous allez me blâmer, vous qui ne sentez que les torts, que les maux du moment. Faisons mieux que de nous blâmer : déplorez avec moi cette marche continue et accroissante de l'oppression sur le peuple; et je gémirai avec vous de ses vengeances, le plus souvent aveugles et barbares, presque toujours stériles ou fatales. » (*Ecrits de 1790.*)

Noble et digne, loyal et généreux mouvement qu'inspirait le seul amour de la patrie, que n'entachait ni la lâche cupidité, ni la perfide ambition, ni la niaise vanité.

Juste, utile, efficace mouvement, d'où surgirent tant de mesures, tendantes à libérer l'industrie, à propager le travail, à soulager la misère, à balancer les charges, à rattacher les provinces : les seules qui aient été prises pendant quarante mortelles années, en faveur du peuple, en vue de l'homme.

Même, telle était l'importance, l'urgence d'un acte de rénovation sociale, qu'au besoin absolu, l'insurrection matérielle, ou vulgairement la révolte, devenait légitime.

Seulement, il fallait que le sceau de la nécessité la consacrât : car nul moyen n'est licite que vers les fins obligées; et tout moyen oiseux, superflu manque le bien, cause le mal.

C'est sous ce rapport qu'apparaît l'attaque de la Bastille, la prise de ce château qui se rendit sans coup férir.

Evènement sinistre qui portait dans son sein, et l'octobre 1789, et l'août, le septembre 1792; et les massacres de l'échafaud, et les boucheries de la guerre, et la servitude prolongée de l'empire, et la conquête réitérée de l'étranger : sans parler de toutes ces lois si funestes, civilement et moralement.

Evènement fatal, qui troubla, qui détourna le

cours jusqu'alors propice de la révolution, qui exaltant d'un bord, irritant de l'autre, fit oublier dans la sanglante mêlée, les droits et les besoins du peuple, et les fit sacrifier sans retour, devant l'idole attrayante, décevante, de la liberté politique.

Que dire maintenant de la révolution de 1830, où l'insurrection armée apparut en tête?

Pourquoi, comment eut-elle lieu? Pour la cause des journalistes, par les bras des ouvriers; et sans l'assentiment de la population; et malgré la résistance de presque tous les députés.

Le *National* sera cru sur parole (1).

---

(1) A mesure qu'on s'éloigne de ces évènemens, on les revêt d'une poésie mensongère; on s'habitue à dire que Paris tout entier se leva du même mouvement. Cela n'est point..............

Le 26, on ne s'encourageait encore qu'à la résistance passive : on engageait seulement les députés à protester....

Le 27 fut employé en excitations mutuelles du même genre. Le soir, il n'y avait de compromis encore que les journalistes protestans.........

Le 28 au matin, la mise en état de siège et les mandats d'arrêt contre quarante-cinq journalistes, firent sentir qu'il n'y avait plus de salut qu'en passant à l'insurrection. Dès-lors commencèrent à partir de leurs bureaux, des proclamations qui poussaient à la révolte.........

Vers huit heures, quelques gardes nationaux, sortis pour se rendre à leurs mairies, paraissaient tout surpris et presque effrayés des applaudissemens qui les saluaient........

A midi, M. Périer était le seul député qui se prononçât

Or était-ce nécessaire, et donc légitime?

Dès la nuit du 28 au 29, le gouvernement de Charles X s'abandonnait lui-même; et s'abandonnait, ayant sous la main trente mille hommes de la garde, vingt mille hommes du camp de Saint-Omer.

Et il s'était abandonné à l'avance, n'ayant pas appelé sous les murs de Paris, ni la garde entière, ni une part de l'armée.

Et il se serait abandonné ensuite, vis-à-vis la résistance passive des citoyens, devant l'opposition légale des députés existans; ou encore sous la réprobation des députés futurs, dont les tristes ordonnances ramenaient une majorité hostile.

---

pour la légitimité de la résistance, même armée. *Mais*, disait-il, *nous n'en voulons pas au roi.*

Ses collègues ne voulaient pas qu'on approuvât la résistance à force ouverte : *il n'y avait de légal*, disaient-ils, *que le refus de l'impôt*........

Cependant, de terribles combats s'engageaient, qui furent les plus glorieux des trois journées. Le peuple et quelques jeunes gens inconnus en eurent seuls l'honneur..........

La nuit à jamais mémorable du 28 au 29 apprit aux Parisiens que *le gouvernement de Charles X s'abandonnait lui-même*, et qu'il n'y avait plus qu'un dernier effort à tenter, pour rejeter hors de la capitale les troupes qui se repliaient sur tous les points.

C'est de là seulement que date cette unanimité de la population, qu'on rappelle si souvent, comme le caractère distinctif des journées de juillet. (*National*, 27 mai 1832.)

Qui ne sait même, qu'au sein de la chambre siégeant au 16 mars, à peine une centaine de membres applaudissait au ministère Polignac, et tout au plus la moitié de ce nombre approuvait les ordonnances.

Si bien que telle chambre que ce fût, allait refuser son concours; et cette fois justement, attendu que la peine venait après la faute.

Qui ne voit surtout, en considérant de plus haut et plus au large, que la marche naturelle des choses, était bien décidée, bien prononcée dans le sens des libertés publiques.

« Les insensés! tout allait au gré de leurs vœux : sans peines, sans risques, leurs fins devaient être bientôt atteintes.

« Quelle marche impétueuse, précipitée!

« Voyez les caractères en grand nombre, se dégrader progressivement, du point extrême de l'attachement et du dévouement, jusqu'au plus bas de l'échelle.

« Voyez l'opinion délaisser le culte qu'elle chérissait et relever les autels qu'elle avait brisés.

« A la lettre, c'était encore le gouvernement du roi : mais l'esprit n'existait plus.

« Attaquée et minée de toute part, la forme même menaçait de s'évanouir (*le Vote fatal* : 1830). »

Non, ce n'était pas nécessaire, pas légitime.

Aussi il s'en est ensuivi un mouvement rétrograde, dans la ligne de la vraie civilisation, c'est-à-dire de la progressibilité du bien-être commun (1).

Signe marquant, tranchant qui dénote assez que les voies de juillet, étaient de fausses voies; puisqu'elles ont éloigné, plutôt qu'approché de la fin sociale.

D'abord, émeutes de ville, et guerres de campagne; armemens et emprunts exagérés, pertes industrielles et commerciales; manque de travail, manque de pain.

Et ce qui est mille fois pis encore : attendu que tout cela est de l'ordre éphémère du fait, qu'un sort amène et qu'un sort détruit :

---

(1) « Je suis loin d'être l'apôtre de ce grand mot de liberté politique : ma seule idole, j'espère, sera toujours l'humanité. Aisance certaine et mœurs pures; liberté et égalité civiles : tels sont mes vœux. Je prise la liberté politique, comme leur source la plus solide. Si son cours s'égare, ce n'est plus qu'une chimère de la vanité, que l'enseigne de l'ambition...

« Ainsi sent la masse du peuple. La liberté politique lui pèsera bientôt, si elle compromet son aisance ou contrarie ses habitudes; elle lui restera indifférente, si d'heureux résultats n'en découlent et ne viennent l'affecter, le flatter.

....

« Ce serait une vaine victoire d'avoir conquis la liberté, si on ne l'appuie sur le bien-être du peuple ; ce serait une lâche jouissance d'en concentrer l'exercice et le bénéfice en quelques mains : ce serait une niaise parole, de crier à la nation qu'elle est heureuse, et de prétendre le lui démontrer. » (*Ecrits de 1790.*)

Prolongation de toutes les taxes outrageantes et désolantes pour l'humanité.

Aggravation odieuse de l'impôt personnel, mobilier et locatif.

Opposition à l'accroissement des contributions assises sur les biens fonds, à l'établissement du subside progressif, ou relatif à l'extension du résidu net.

Tranchons le mot.

Toutes les révolutions, comme elles ont été ourdies jusqu'à présent, sont anathèmes.

Et cela, à ces deux titres les plus justes qu'ils soient : comme frauduleuses à l'origine, comme oppressives en résultat.

D'où partent-elles ? du droit de la souveraineté du peuple, seul principe valide, seul prétexte sortable.

Où aboutissent-elles? au fait de l'asservissement, de l'abrutissement du peuple, par le mépris du besoin physique, du besoin moral.

Çà et là, toujours et partout, c'est le peuple réellement parlant, ou l'être social, abstraitement parlant; dont les armes douées de justice et pourvues de force, sont saisies et tournées contre l'autorité; et après la victoire, lui sont ravies, sont retournées contre lui-même.

Juillet vient en preuve, en exemple.

Comment donc a été foudroyée, pulvérisée

cette royauté, fille du ciel, épouse du temps, mère du pays?

La tâche a été d'abord entamée et fort avancée par de prétendus amis; qui la trompèrent par leurs conseils, ou se trompèrent dans leurs complots (1).

Ceux-là fous de ferveur; auxquels il n'y eut moyen de faire entendre que le pouvoir avait à se faire populaire, contre les attaques de tribune, à se faire militaire contre les émeutes de carrefour; et qu'à défaut, il ne restait qu'à condescendre, à plier sous la tempête, sauf à se relever au retour du beau temps.

Ceux-ci niais par orgueil, auxquels il ne fut pas donné de comprendre que la couronne encore, était mal accoutumée à se soumettre à la tribune; *et qu'en cédant, en perdant le prestige de force, elle restait sans appui.* (*Courrier* : 17 février 1832.)

Malheureux qui devraient être morts de douleur ou de honte; et qui sont voués à ruiner leur

---

(1) « Jugez de la sagesse des hommes par le résultat qu'ils « ont obtenu, comparé à celui qu'ils voulaient obtenir. « L'assemblée constituante voulait-elle renverser le trône? « non. L'a-t-elle renversé? oui. Elle a donc dépassé le but? « oui, certes. » (*Débats*, 3 août 1832.)

Au lieu de l'assemblée constituante, lisez la chambre des 221.

Habemus confitentem reum.

propre cause ; les uns en tentant de ramener ce qui fut, les autres en prétendant soutenir ce qui est.

Jusqu'ici tout vient de l'art de l'homme, de l'art saisi à rebours, suivi à contre sens.

Puis survient le sort, le hasard, toujours preste à apparaître, alors que l'occasion lui est offerte si belle ; alors que l'œuvre achevée attend qu'il lui soit donné vie.

Lisez le National : lisez le Moniteur.

« *M. Fulchiron :* Une fraction de Paris n'a pas le droit de se dire le peuple, de réclamer des lois à sa volonté. (voix à gauche). Eh! qui est-ce qui a fait juillet? » (*Moniteur :* 13 mars 1832.)

Voilà donc! on ouvre la lice, on aplanit le sol ; et on met en haine, en colère, en furie ; et on souffle les cris, on pousse les bras, on jette les vies à merci.

Est-ce fini ? a-t-on réussi? Il n'y a plus qu'à déblayer, à débarrasser l'arène, et des cris triomphans, et des bras victorieux, et des vies sacrifiées.

Place nette est faite. Régnons en paix, se dit-on, gouvernons à l'aise, commandons à plaisir, à nous seuls, pour nous seuls.

C'est ainsi que les révolutions naissent anathèmes, deviennent sacrilèges.

Au début, la souveraineté du peuple, fait la religion; dont le dogme ne tente nullement à définir; dont le culte est laissé à desservir par les premiers ministres qui se rencontrent dans la rue.

« Sur les débris de ces axiômes antiques, le droit divin des couronnes et la suprématie du saint siège, s'élance et s'agite le principe plus vivace de la souveraineté du peuple.

« Or c'est chose oiseuse que de débattre la vérité et la fausseté de quoi que ce soit, quand la fatalité commande; que de se mettre en peine des idéalités, quand les réalités ont tout envahi.

« Quant au principe de la souveraineté du peuple, une seule observation ou objection est bonne à faire.

« C'est qu'essentiellement, l'attribution du droit doit être personnelle, et la participation à l'acte doit être égale ; c'est que la majorité numérique, possède l'omnipotence. » (*La royauté:* 1829.)

Et voyez, si jamais le numérique, à prendre tête par tête, et voix par voix; à recenser et sommer à tête reposée, en bonne conscience, fait foi, fait loi.

Au reste, le début est indifférent: de même sur la scène dramatique et politique, tel début promet sans tenir, tel autre tient sans avoir promis.

La forme, le titre, le droit même; ce n'est rien, vis-à-vis le fond, l'acte, le fait seul.

Il n'importe que la révolution tombe des nues, ou perce à travers les brumes, ou éclate des flancs de l'orage.

Advenue sur terre, qu'y fait-elle ?

Et cela au sujet seulement du besoin physique, antécédent obligé du besoin moral.

Fait-elle du pain, et du travail qui l'amène et de l'ordre qui le conserve, et des mœurs qui le ménagent.

Non : ce point, dit-on, ne s'emporte pas d'emblée : il y a à labourer le sol et l'engraisser, à fabriquer l'outil et l'aiguiser.

D'abord, qu'il soit fait de la liberté et de l'égalité. Une fois ces droits fondés dûment et durablement, soudain s'élèvera et s'établira à l'abri de toute atteinte, le droit d'existence ou de vitalité.

Mais qu'est-ce que la liberté ? qu'est-ce que la liberté politique avant tout, pardessus tout.

Question à trancher net, puisqu'il n'y a moyen de la débrouiller.

C'est chose convenue. Il y aura de la liberté politique, en dose suffisante, en juste mesure, pour tous et pour chacun : dès-lors qu'un centième et même moins des citoyens, en obtient la propriété exclusive, absolue :

Car il ne se peut qu'ainsi, personne en fasse usage, autrement qu'au profit de tous et chacun.

Et la liberté civile, la liberté de faire et de dire, sauf qu'il en advienne mal à autrui, va découler comme de source, va se répandre sur le sol entier.

Cela fait-il du pain ? Pas encore, répond-on, car on ne sait pas mentir à la faim.

Apparemment que la liberté est chargée de le mettre au four, et qu'il est réservé de l'en tirer, à l'égalité.

Mais qu'est-ce que l'égalité? Question à solution contraire, suivant qu'il y a à promettre ou à tenir.

Avant la crise, égalité s'avance jusqu'en point de fortune et de pouvoir, même de mérite et de talent.

Après le triomphe, égalité recule en-deçà même du fait de l'existence, de la vie (1).

---

(1) L'égalité ne fut pas un don du règne impérial : nous ne l'avons point. Le sol où devait croître ce germe d'ordre et de prospérité fut adjugé par l'assemblée constituante à la nation qui l'avait conquis ; fut défriché par la convention, laissée inculte par le directoire, exploitée par l'empire, qui donna le change aux besoins populaires, moyennant une chance égale d'admission aux grades, aux emplois, aux titres. . . . .

« L'égalité n'est pas une chance ; c'est un droit positif : qu'importe que l'on puisse plus ou moins aisément parvenir, jusqu'à la classe privilégiée des jurés, des électeurs. L'égalité n'est pas la simple faculté de concours aux emplois : elle embrasse toutes les circonstances de la vie humaine ; elle défend que les uns meurent de faim et les autres d'indigestion ; elle défend qu'il y ait dans ce monde, un petit nombre d'élus, une foule immense de damnés. . . . .

« Ah ! si le seul pas fait par l'égalité sociale, est qu'on puisse aspirer à régir les autres, à obtenir des priviléges ; si elle ne s'est point encore approchée de la masse des citoyens qui veulent, non pas gouverner, mais être gouvernés

Les hommes sont promus au faîte de l'égalité ; sauf toutefois que tels et tels en grand nombre, ont à manquer de travail ou de secours, à subir d'abord la faim, bientôt la mort.

Or de quoi se plaindre? C'est une question de temps. Chacun ne passe-t-il pas une fois sous la tombe? Et vraiment, effectivement le niveau plane entre les tombeaux.

A qui s'en prendre? C'est l'affaire du sort. L'un naît faible et l'autre fort ; l'un naît pauvre et l'autre riche : tout de même ceux-ci ont à vivre, ceux-là n'ont qu'à mourir.

Fort bien dit à vous : comme aussi fort bien fait à eux, d'ouvrir les yeux avant de les fermer, et d'étendre le bras tant que la force reste, et de ravir la subsistance, à défaut de pouvoir la gagner, et de se donner la vie, aux frais et risques de qui veut en priver.

équitablement, c'est parce que la liberté fait faute. L'égalité est un domaine où chaque homme doit trouver plus que la longueur de sa tombe : la liberté, c'est le soc de charrue qui le fertilise, tout prêt, quand il le faut, à devenir arme pour le défendre.» (*La Tribune*, 2 septembre 1832.)

Trois principes sociaux naissent, vivent, meurent, chacun à part, l'un après l'autre :

Le principe transcendant ou religieux ; le principe stationnaire ou hiérarchique ; le principe progressif ou libéral.

Ils sont à considérer seulement en vue de l'homme.

Sous l'empire du principe transcendant, il est fait état du besoin moral, à un tel point que le besoin physique compte à peine.

Et c'est juste, c'est simple : tant la distance est incommensurable, entre la valeur de ce bas monde, et le prix de l'autre monde.

Il y a même à s'étonner que la vie d'une journée soit aucunement appréciée devant la vie d'une éternité.

Comme il y a à s'affliger que le besoin physique tenu en mépris à l'égard des classes communes, ne laisse pas que d'être soigné et flatté au sein des rangs distingués.

Sous le règne du principe sationnaire, encore le besoin moral est mieux servi que le besoin physique ; bien qu'en un degré fort inférieur, bien qu'en un but tout différent.

Au lieu de ce sentiment sublime qui appelle et prépare l'homme au bonheur des cieux; ce n'est que l'intérêt égoïste qui s'efforce à contenir, à comprimer l'homme sur la terre de malheur.

L'ascendant religieux n'est plus invoqué qu'à l'aide de l'autorité politique.

Du reste, le besoin physique, s'il est moins méprisé, pourtant n'est guère ménagé, protégé.

C'est que deux préjugés dominent : et celui de naissance qui ne conçoit pas le droit, en dehors du sang; et celui d'intelligence qui ne comprend pas le bien d'autrui, côte à côte du bien de soi-même.

L'être moral, l'être rationnel ont à lutter contre l'être instinctif, automatique.

Leur défaite ne surprendra pas.

Pendant les deux régimes, presque rien ne s'opère en vue de l'homme, sous le rapport du besoin physique.

Mais aussi ni l'un ni l'autre n'a été érigé par la voie de l'homme, à l'aide de l'homme, aux frais de l'homme.

L'homme naît et vit sous les auspices, sous les influences de ces régimes; et leur doit plus qu'ils ne lui doivent.

De plus, rien ne bouge, ne change, pas plus en haut qu'en bas : et l'inertie amène l'apathie, mène à la léthargie.

Le malaise égal et constant passe en habitude, en coutume.

L'instinct de souffrance ne se réveille, ne se

récrie que sous le coup des crises, qu'à l'appel des exemples, des espérances.

Or voici ce qui se passe sous la loi du principe progressif ou libéral.

Encore, si la marche est lente et réglée, l'action de l'homme ne se voit pas provoquée : et la transition ne l'affecte guère; et les mutations ne le choquent point.

Soit qu'il y ait amélioration ou détérioration dans la société, à peine l'imagination s'émeut à ce sujet.

La routine se modifie, s'y accommode peu à peu. Les conséquences nouvelles semblent dériver du principe ancien.

Ce n'est qu'un développement et non un bouleversement.

Le contraire arrive, si la marche est violente, impétueuse, désordonnée.

Alors, c'est une révolution qui s'effectue par la voie de l'homme, à l'aide et aux frais de l'homme.

Alors aussi les esprits sont éveillés dans la secousse du mouvement, sont animés, excités à l'aspect du changement.

Le vieux sol manquant tout à coup sous les pieds, les liens sont brisés, l'équilibre se perd ; le passé devient étranger ; l'avenir reste inconnu.

Ceci surtout frappe et marque.

Les uns ont combattu, ont remporté la victoire : et les autres ravissent, dévorent les dépouilles.

Ceux-ci qui n'étaient rien, qui n'avaient rien, sont tout, ont tout; et ceux-là demeurent à zéro.

Jamais haine et envie, jamais colère et vengeance ne furent plus légitimes, ne seront plus durables.

Jamais crime ne fut aussi palpable, jamais peine ne fut aussi certaine.

Toutefois, la peine survenant, aura à apprendre le crime, à ses fauteurs même.

« C'est l'ère de vertige.

« L'être n'est plus que cerveau.

« Le cœur est remonté dans la tête : le sentiment est étouffé sous l'idée.

« Partout domine quelque système abstrait, absolu, exclusif.

« Entre tous les systèmes, il y a lutte à outrance : en chaque système, il n'est fait nul état des données vraies, des conséquences réelles.

« L'idée rétrécie, racornie pour ainsi dire, est à la fois impénétrable aux raisons et inexpansive en paroles.

« Voyez les amis de la religion, les sujets de la légitimité, les cliens de la souveraineté, en ce point tous semblables.

« De même, l'humanité est laissée en oubli, est tenue en mépris.

« Nul n'est tenté d'analyser les élémens sensibles de la société : nul n'est affecté à l'aspect des misères de la population.

« Encore, la religion a un certain droit, et la

légitimité a quelque moyen, d'omettre de telles considérations.

« Mais dans le système de la souveraineté, c'est plus qu'un crime simple; c'est un tort inoui, un travers absurde.

« Vous proclamez les droits politiques, dont à peine un homme sur cent est en titre, en état, en goût de faire usage.

« Et vous ravissez, vous violez les droits sociaux; dont la jouissance est invoquée à grands cris par l'immense majorité.

« Ainsi la nation se voit scindée en deux parts.

« Là, le vote est resserré entre quelques milliers : ici, la vie est retirée, est refusée à des millions.

« Puis, vive la souveraineté! vive l'égalité! vive la liberté! le tout en rêve. (*La loi des circonstances*, p. 71, 1830).

Les trois régimes politiques, religieux, hiérarchique, libéral, diffèrent en ceci:

Que l'humanité est servie sous le premier, en vue de Dieu; sous le second, en vue de soi-même; et sous le dernier, n'est servie en vue de rien.

D'abord le devoir, ensuite l'honneur, sont enchaînés à son service; enfin, le libre arbitre se dégage du servage.

Toutes les religions exposent en dogme, inculquent dans l'ame, que les hommes sont *frères*: expression défigurée dans le mot : *égaux*.

Ce n'est pas qu'il faille leur attribuer à cet égard aucun mérite. Leur précepte ne rend que l'expression de l'instinct spontané, du sentiment inné de l'être même.

Prenez l'homme à l'origine des rapports sociaux, berger ou chasseur, ou marin; suivez l'homme aux derniers rangs de l'échelle sociale, campagnard ou citadin.

Partout et toujours, se montre le sentiment de commisération, de *compatissance*, pour mieux dire; qu'enfante peut-être et que nourrit sans doute, la mémoire ou la menace des chances maintenant subies par d'autres.

Ce n'est pas qu'il faille applaudir avec *les tristes demeurans d'un autre âge*, à cette accumulation de la propriété, déposée en de saintes mains sous la charge tacite d'en dispenser à propos les revenus.

Non plus qu'à cette exagération d'aumônes répandues sans règle, sans mesure, et jetées au-devant du travail qu'excitait le besoin; au lieu d'être réservées pour le besoin que délaisse le travail.

Mais l'alliage du mal ne corrompt pas le bien.

Ni la haine, ni la honte même ne manquent à admirer, ces établissemens de secours de toute sorte et même d'instruction élémentaire, qui sont sortis comme par miracle, du sein de la douce et tendre religion de Jésus.

Ni l'orgueil, ni l'envie, n'osent prétendre que

les renovations libérales, telles qu'elles puissent être, viennent jamais à rivaliser avec les institutions charitables telles qu'elles sont à cette heure encore.

Dans l'ordre hiérarchique, l'honneur, accolé au respect humain et appuyé sur la coutume, agit non pas au titre touchant de fraternité, mais sous le mode plus ou moins attachant de paternité.

Une exception est à faire, non pour les barbares d'Afrique, mais pour les colons d'Europe; car à l'égard des nègres, la traite, le transport, le traitement sont choses inouies jusqu'alors.

Du reste, en tout temps, en tout lieu, à défaut du droit formel qui n'influe pas, le fait matériel se développe heureusement.

« Qu'on voie plutôt l'antique Asie, avec sa tribu patriarchale, mi-partie composée d'enfans et d'esclaves, traités presque en égale façon.

« Qu'on voie l'ancienne Europe, avec son cortège de vassaux ou de serfs; et même la France actuelle, dans les contrées pauvres en lumières et pauvres aussi en vices, avec sa clientelle de fermiers à moitié.

« Ces esclaves, ces serfs, ces fermiers sont membres de la famille, font partie du ménage.

« Et limités en ouvrage, soignés en maladie, contentés en nourriture; au moyen de ce qu'il leur est réparti une portion suffisante des produits annuels, ils portent la somme de travail, ils rendent la masse de valeurs, qui fut départie à leurs forces (*Le Peuple et le non-peuple*). »

Même, avant que les révolutions n'eussent troublé les esprits et dérouté les cœurs, il était à adjoindre la classe nombreuse des domestiques de maison, des ouvriers de campagne, des paysans du voisinage.

A la vérité, ce n'est plus le baume de charité, qu'applique sur les plaies, une main délicate ; ce n'est plus la parole d'amour que prodigue aux douleurs, une voix attendrie.

Le Dieu s'est retiré; l'homme ne le remplace pas.

Mais du moins, le pain de l'aumône, le remède de secours, si amers et durs qu'ils soient à recevoir d'un égal, ici pèsent et répugnent à peine, venant de personnes censées supérieures.

Dans l'ordre libéral, quel contraste extrême!

Là, plus de frère, ni de prochain, comme dans l'ordre religieux; plus de fils, ni de client, comme dans l'ordre hiérarchique.

L'homme est égal à l'homme. Tel est le dicton reçu, convenu.

Le papier l'expose à l'aise, et la bouche l'exprime à l'envi.

Egal à égal : c'est sur ce pied, qu'on traite ensemble, qu'on se comporte l'un vis-à-vis de l'autre.

Aujourd'hui on se lie, et demain on se délie. Quant au dédit, il y a libre arbitre : tout se fait payant, prenant.

On ne se doit rien; surtout on ne se rend rien.

Droit et devoir, jadis tenus en réciprocité, n'ont plus de sens.

Et tantôt, l'aumône semble une injure; tantôt le secours ne paraît qu'une dette : celle-là odieuse à agréer, celui-ci ridicule à reconnaître.

Egal à égal, s'entend en une mesure illimitée, par qui a peu; et de la façon la plus restrictive, par qui a beaucoup.

Laissons le premier : s'il s'émancipe, il sera puni; s'il patiente, il mourra. Même résultat.

Suivons le second. Egal à égal, lui plaît, lui sied fort; mais comme thèse, ou plutôt comme hypothèse.

Quant à mettre en pratique, rien ne convient moins.

En point de droit, égal à égal; fort bien. En point de fait, tout à l'un, rien à l'autre : fort bien aussi.

Comme s'il était entendu que le droit, le fait ne devaient s'accorder jamais.

Or, cela est clair et vrai, ici; est louche et faux, ailleurs.

Et cela passe les bornes d'une faible compréhension : quand c'est d'hier, qu'une révolution est venue abolir les mœurs antiques, établir les systèmes nouveaux.

Cela répugne au dernier point, quand ceux qui gissent au faîte de puissance et de richesse, ne s'y sont logés qu'au moyen du saut le plus périlleux, ou des détours les plus fallacieux.

Le cœur se soulève aux nausées de la mémoire.

Egal à égal : c'est beau à dire, à dire en l'air : car de ce sublime texte, nul effet ne découle sur le triste globe.

Ce serait bon à taire : car de ce grand mot, rien que le son, le bruit suffit à calmer le scrupule, à endormir la conscience.

Or voici par quoi on est trompé, en quoi on se trompe.

Grace à la paresse et à la faiblesse de l'esprit, comme aussi à la raideur, à la hauteur du caractère, deux méthodes les moins pénibles, les plus perfides, ont été inventées, imaginées.

L'abstraction, la déduction sont leurs noms.

Insecte qui ne vit qu'un jour, vermisseau qui ne voit qu'à deux pas, l'homme prétend comprendre et contenir le temps, l'espace.

De-là, cette passion de généralités qui sont forgées, ainsi qu'il est permis à la plus courte vue ; qui ne se rencontrent que rarement, fortuitement avec les réalités.

De-là, cette rage de conséquences dites logiques, qui partent d'un principe souvent vain ou faux, toujours partiel et temporaire ; et trop communément se trouvent incompatibles avec les circonstances.

Ainsi dans la polémique : le peuple veut ceci ; le

pays veut cela : la France veut ; la France ne veut pas. Ce sont les locutions en usage, à la mode.

Et pourtant ce peuple, ce pays, cette France prennent l'être, acquièrent la vie au plus creux du cerveau : n'embrassant pas, dans la vérité, le centième, le millième de la population.

Si bien que de telles expressions, au cas qu'on leur attache du poids et qu'on en attende de l'effet, devraient être considérées à titre de révolte, être tenues pour crime de lèse-majesté nationale.

Ainsi encore, la souveraineté du peuple, ce principe essentiel, éternel, ce principe transcendant, prééminent ; autour et au plus près duquel ont à s'ordonner, à s'organiser toutes les institutions sociales, est diverti, subverti dans le sens le plus faux, le plus fatal.

Le peuple est tout : tout doit être fait pour le peuple. Voilà le précepte naturel, le code social.

Le peuple est tout : tout doit être fait par le peuple. Voilà l'appât décevant, le leurre enivrant :

Car pour l'homme, rien n'est juste, qu'autant qu'utile ; et rien n'est utile qu'autant que possible.

De même, quant à la légalité, en entrant aussitôt dans les détails, afin d'être mieux compris, que voit-on ?

D'abord, tout est assimilé. Comme à l'instar du lit de Procuste, la loi soumet à sa mesure normale, à sa règle mathématique, existences et fortunes, capacités et facultés, quelles qu'elles soient.

Par exemple, au sujet de la conscription, c'est

un devoir civique à remplir ; c'est une charge égale à subir ; c'est un intérêt analogue à garantir, dit-on.

Et voilà que l'îlote mis hors de la cité, que le prolétaire privé de tout avoir, s'y voient soumis, comme étant portés sur la liste du recensement nominatif :

Et voilà qu'ils ont plus que tous, qu'ils sont presque seuls, car les autres se libèrent à prix d'argent, à accomplir le devoir, à acquitter la charge.

Voilà même qu'ils l'accomplissent et s'acquittent à leurs frais et risques, en une raison incommensurablement plus haute ; puisque le conscrit laisse souvent une terre en friche, une famille à la gêne.

Ensuite, tout est tarifé. Le signe monétaire est pris pour type immuable, inaltérable ; comme si dans son échange contre les valeurs réelles, le rapport ne variait pas de contrée en contrée, ainsi que de siècle en siècle.

On bat monnaie, non plus sur la place de la révolution et au prix des têtes ; mais parmi les galetas, sous les chaumières, et aux dépens de la vie.

Or, que faites-vous ?

« Quant à l'être qui n'a pas ou qui n'a que sa suffisance absolue, toute valeur extraite doit être prisée au titre de valeur de vie, comme causant un manque dans les nécessités.

« Et la vie quotidienne, évaluée en signe monétaire, coûte suivant les lieux, entre trois sous et quinze sous.

« D'où l'impôt tarifé au chiffre d'un sou, enlève ici un quinzième seulement, ailleurs un tiers plein : et cela en fraction de vie. » (*De la limite de l'impôt: Des conditions de l'impôt :* 1829.)

Il faut citer des exemples d'autre sorte.

Egal à égal : le sens de ce mot ne se rencontre juste, qu'autant qu'il n'y a pas à s'en servir ; et se trouve tout-à-fait faux, dès-lors qu'il y aurait à s'en prévaloir.

Voyez les fermiers devant les propriétaires et les ouvriers devant les fabricans ; les petits marchands et les petits locataires vis-à-vis leurs créanciers ; enfin le pauvre d'argent ou d'esprit, face à face du riche en un sens ou l'autre.

Là, des risques de vie, des chances de mort, restent à la merci d'un manque de sens, d'un travers, d'un caprice.

Là, dans la lutte permanente, les frais de dépense en écus sont relativement énormes ; les pertes de temps en travail sont exclusivement pénibles.

Et de jour en jour, la cupidité, la déloyauté, l'insensibilité s'enracinant et grandissant dans les ames, rendent la condition d'autant plus rude, plus affreuse.

En outre, l'industrie en ses voies actuelles, soustrait aux campagnes, et les bras qui labouraient, et l'œuvre qui y était tissue : puis, rejette sur la dure ou repousse dans la rue, les ouvriers embauchés par son art, et arrachés du sol nourricier, dépourvus de ressource, de recours.

Survient la finance, jalouse ce semble de ne pas rester en arrière, qui complotte la réduction de l'intérêt de la dette; et ravit aux petits rentiers 20 pour 100 du revenu absorbé par la subsistance, c'est-à-dire une fraction de vie, au chiffre du cinquième.

Il y a plus. La loi sociale, celle que l'homme n'a pas à faire, celle à qui l'homme a à se faire, vient s'allier aux lois politiques.

La fatalité entre, ce semble, dans la conjuration : ne laissant à la légalité, enfin devenue loyale, qu'à atténuer, à compenser le mal.

Ainsi, le pauvre est frappé d'une plaie qui le mine et le dévore, à l'exclusion des classes aisées.

Le prix de détail que commande le coût du débit, lui tient certaines denrées et marchandises, à 20, 30 et 40 pour 100 au-dessus du cours en gros et demi-gros.

La boisson offre un exemple de ce prix, dont l'énormité ne dépend pas du droit fiscal, pour un dixième; et seulement résulte des frais et profits obligés du cabaretier.

A quoi, le seul remède propice qui a déja été présenté, serait de favoriser le commerce en futailles de 20 à 50 pots; et d'établir des maisons de licence, exemptes du droit, sous la condition de ne vendre qu'au-dehors. (*Enquête analytique sur les Vins*, 1829.)

Cependant, si la société en son état stationnaire, porte et tolère tant de préjudices, à ceux-là même auxquels étaient dus ses soins, ses secours:

D'autre part, en son état progressif, elle ne leur dispense que dans une mesure infiniment faible, ses faveurs.

Si ce n'est pas en due proportion qu'ils ont à contribuer aux charges, aussi ce n'est pas en juste raison, qu'ils ont à partager les bénéfices.

« Les profits de la civilisation sont alloués, presque exclusivement, à la classe aisée ou moyenne.

« C'est pour elle seule que baissent, et les produits de fabrique appliqués au vêtement, et les fruits du commerce employés en aliment.

« C'est pour elle que baissent, les frais de route; et même, au moyen du nouveau mode de bâtisse, les frais de loyer.

« Car les procédés économiques de travail, n'ont à s'exercer que sur des actes ou des objets de valeur, n'ont à épargner que sur une main-d'œuvre de prix.

« La laine fine et le coton, les sucres et les cafés fléchissent de plus en plus : tandis que la bure et la grosse toile, le pain, la viande, le beurre, s'élèvent plutôt.

« Si bien qu'en somme, le progrès de l'industrie tend à alléger les dépenses pour la classe aisée, à dépouiller de ses emplois, la classe indigente » (*les Besoins et les droits*).

Vœ victis! vœ miseris!

Encore que les révolutions débutent par la première sentence; c'est à charge de revanche, à titre de vengeance.

Mais qu'elles aboutissent au dernier arrêt; il y a déni de justice, renvoi à la force.

TRIBUNE ET PRESSE ANGLAISE.

Le plus grand mal vient de la fatale conduite qu'ont tenue les divers ministres qui se sont succédés depuis cinquante ans. Ils ont de plus en plus accablé les classes pauvres, du double fardeau de taxes exorbitantes et de lois oppressives, tandis qu'ils apportaient le plus grand soin à maintenir les soi-disans privilèges des classes plus riches, mais moins industrieuses. Aujourd'hui nous commençons à recueillir les fruits amers de ce funeste système, dans le mécontentement qui a saisi les classes laborieuses, et l'esprit de vengeance et d'hostilité qu'elles manifestent contre les classes supérieures. N'est-il pas à craindre que ces sentimens ne s'étendent graduellement d'une classe à l'autre, en remontant l'échelle sociale, jusqu'à ce que le pays se trouve jeté dans la plus épouvantable convulsion (*Lord Radnot*, 1830).

. . . .

Lord Wynford ne doit pas être regardé comme ennemi de l'usage des machines, pourvu qu'elles soient ainsi que tous les autres moyens de production, justement régularisées : mais si leur effet doit être de surcharger le marché, elles rejettent le travailleur à la taxe des pauvres. Le misérable a autant de droit à la protection pour son travail qui est sa seule propriété, que le marchand ou le fabricant pour leur prospérité. Bien qu'il ne puisse se rendre l'avocat de cette absurdité, que l'usage des machines doit être prohibé, cependant il souhaite de le voir placé sous des régulations salutaires. (*Lord Winford* : 1830.)

Le temps n'est pas éloigné où le peuple était aussi ignorant qu'un aristocrate peut le souhaiter : mais l'aristocratie lui laissait, toute la jouissance de la liberté et ne le tracassait pas comme à présent, avec des restrictions vexatoires...

Maintenant, les classes laborieuses sont opprimées de toute manière par leurs supérieurs, ainsi que par le système politique. Elles ont été graduellement maltraitées, méprisées et condamnées au dénuement, à la misère et au désespoir. La tendance de l'ordre social, en Angleterre, a été depuis plusieurs années, de favoriser et de protéger la grande propriété, aux dépens des pauvres et des ouvriers. La charge a porté, d'abord sur les classes moyennes et est tombée ensuite, avec un poids redoublé sur les plus basses classes. (*Chronicle*).

....

En Angleterre, cette race ouvrière, si bien faite pour donner souci aux riches, a tellement pullulé qu'il faudrait prodigieusement se clore dans l'abstraction de son individualité personnelle, pour ne la pas voir de toute part avec sa misère, ses haillons, sa brutale ignorance, grouillant, fourmillant, envahissant le haut monde et le terrifiant de la crainte de son redoutable contact. Il n'est bientôt plus possible aux riches de maintenir une société tout à eux, tranquille au milieu de cette autre société de travailleurs qui vit à leurs pieds et ne s'agite que pour se nourrir; c'est un mouvement tumultueux parmi toutes ces masses d'en bas, des voix qui s'unissent par d'immenses clameurs; il leur faut manger, il n'y a pas assez : les riches les affament...................................

C'est une horrible vie pour ces deux classes d'hommes, les uns jetés dans un abîme, où ils ne peuvent voir nulle issue, les autres suspendus sur le bord d'un cratère qui s'élargit à vue d'œil, et à tout instant se rapproche de leurs pieds mal affermis : affreux équilibre qui ne peut se maintenir sur cette base qui chaque jour s'use et se ronge ; que parce que les oisifs, de leurs tables où se consomment les richesses du monde, jettent quelques miettes à ces millions d'hommes, que le travail exténue, que le mince salaire affame (*Globe*).

....

Les membres du gouvernement n'entendraient point la nature de leurs devoirs publics, et ne comprendraient même pas leurs intérêts particuliers s'ils ne sentaient que la condition des classes laborieures doit être leur première sollicitude. Dans un pays qui possède tant de ressources, leur détresse ne peut être que le résultat des institutions vicieuses, ou de la mauvaise administration. Le droit de propriété lui-même n'est que secondaire, auprès du bien général ; et il est évident que le bien général n'est pas favorisé par une répartition inégalement monstrueuse des richesses. Bientôt ces classes elles-mêmes sauront le calculer : l'habitude de raisonner fait de grands progrès parmi elles ; habitude salutaire et qui contribuera au maintien de l'ordre public, si elles trouvent leur compte à ce que cet ordre se conserve ; mais qui nous lancera infailliblement dans l'abîme sans fin des révolutions, si elles voient tout à gagner et rien à perdre dans les convulsions de l'anarchie. (*Quarterly Riview.*)

....

La tendance de l'établissement national depuis un demi-siècle, a été, de faire l'homme riche, plus riche encore, et le pauvre homme de plus en plus misérable, qu'à aucunes époques de notre histoire moderne. Le riche de nos temps peut commander une beaucoup plus grande quantité de jouissances qu'autrefois. Au contraire, le simple travailleur a éprouvé une baisse dans son salaire et un manque progressif des nécessités jusqu'alors sans exemple. Son gain de la semaine ne peut acheter en ce moment au-delà de la moitié de la quantité de blé qui était consommée dans le cottage de son grand-père....

Au moyen de l'augmentation respective de la richesse et de la misère, non-seulement un vide immense a été creusé entre les deux extrêmes de la société; mais encore la sympathie entre ceux qui possèdent quelque bien et ceux qui ne possèdent que leur travail, a été sensiblement et tristement diminuée. Au lieu d'être franchement ralliés et incorporés, les peuples du royaume unis peuvent être représentés comme étendus en forme de couches l'une sur l'autre; et le poids des masses supérieures sur les dernières, est devenu tout-à-fait intolérable. (*Times*.)

....

Nous sommes tentés de demander dans quelle contrée sauvage ces malheureux ont pris naissance, sous quel gouvernement ils ont vécu, pour que le plus profond mépris ait de tout temps été montré pour leurs souffrances: qui est coupable de la criminelle indifférence qu'on leur a montrée, et du crime plus grand encore d'avoir négligé de les secourir lorsque les premiers symptômes de souffrance se sont manifestés? Les actes de ces hommes, qu'on doit plaindre d'abord, sont un commentaire de la conduite envers eux, des classes supérieures et moyennes.

Il faut aider la population actuelle, moralement et physiquement, et d'après des principes plus libéraux que ceux qui ont été suivis jusqu'ici: ou bien il faut se résoudre à la voir tout entière se former en légions de bandits, moins criminels cependant que ceux qui les auront poussés, que ceux qui par une juste mais terrible *retaliation* deviendront bientôt leurs victimes (*Times*).

A. PIHAN DELAFOREST,
IMPRIMEUR DE LA COUR DE CASSATION,
rue des Noyers, n° 37.

www.ingramcontent.com/pod-product-compliance
Ingram Content Group UK Ltd.
Pitfield, Milton Keynes, MK11 3LW, UK
UKHW020957230726
13923UKWH00007B/1686